NLP
NLP für Anfänger

So programmierst Du Dein Unterbewusstsein auf Erfolg!

Inhaltsverzeichnis

Einleitung

NLP steht für neuro-linguisticprogramming, auf Deutsch neuro-linguistisches Programmieren.

Der Ursprung liegt in der Psychologie und der Kommunikation. Mittels NLP können wir trainieren, wie man besser mit anderen Menschen kommuniziert. Eine Fähigkeit, die eher einer Kunst gleicht, speziell, wenn es um wichtige Gespräche geht, sei es im privaten oder geschäftlichen Bereich unseres Lebens. Es geht dabei um Empathie, emotionale Intelligenz, aber auch um Selbstbewusstsein und Selbstwahrnehmung. NLP kann vor allem im Verkauf sehr von Vorteil sein, denn man kann sein Gegenüber, den potenziellen Kunden, mit ein paar Techniken sehr gut zum Kauf überreden.

NLP hilft vor allem in der Berufswelt oder auch im Studium bei vielen Dingen, wie

- Zielsetzung und der Findung von realistischen Strategien, um an ein Ziel zu gelangen.

- Stresssituationen und Konflikte zu erkennen und abzumildern.

- Neue Mitarbeiter einzuweisen und ihnen unter die Arme zu greifen.
- Die Verkaufsleistung zu verbessern.
- Kundenservice zu verbessern.
- Die Effizienz von Mitarbeitern zu erhöhen und so mehr Ziele zu erreichen.

Erfunden wurde NLP von dem Psychologen Richard Bandler und dem Linguisten John Grinder an der Universitz of California Santa Cruz in den 70ern. Das Ziel war es, kurzfristige Psychotherapie zu entwickeln, bei der man subjektive Erlebnisse und die daraus resultierenden Erfahrungen analysiert und dadurch das Verhalten anpassen kann.

4 Grundprinzipien

NLP verfolgt dabei vier Grundprinzipien:

1. **Kenne dein Ziel:**

NLP hilft dir, dich darauf zu konzentrieren, was du eigentlich erreichen willst und wie du deine Ziele formulierst. Manchmal ist es uns selbst nicht ganz klar, was wir eigentlich erreichen wollen. Durch NLP Techniken wirst du damit weniger Probleme haben. Du lernst auch, welche Kriterien dein Ziel enthalten sollte. Wenn du zum Beispiel sportlicher werden willst, dann kann dein Ziel sein, dass du in einem Jahr am örtlichen Marathon teilnehmen willst. Dir genauen Kriterien wären dann die vollständige Teilnahme am Marathon und dass du ihn in unter 4:30 Stunden beenden willst. Außerdem wirst du genauer definieren, dass du zu diesem Zeitpunkt 5 kg durch das Training verloren haben willst und dass du problemlos das Treppenhaus in deinem Haus auf und ab joggen kannst, ohne dass die Puste ausgeht. Du weißt auch, dass das dein Traum ist und dass du davon nicht abkehren wirst und dass trotz deines Trainings deine Familie und Freunde nicht auf der Strecke bleiben werden.

2. Verständnis wohin es geht

Du verstehst zu jedem Zeitpunkt, ob dich deine Aktionen zum Ziel hinführen oder davon wegführen. Du hast außerdem immer die volle Kontrolle und kannst jederzeit steuern, damit du weiterhin zu Ziel gelangen kannst.

3. Flexibles Verhalten

Du wirst lernen, deine Aktionen immer an die Situationen anzupassen. Wenn du mit einem gewissen Verhalten deinem Ziel nicht näher kommst, wirst du wissen, wie du dein Verhalten ändern musst, damit es dich an dein Ziel bringen wird. Dazu wirst du auch die Sensibilität dafür entwickeln, um herauszufinden, was dich ans Ziel bringen wird und was nicht. Genauso gilt dann auch, dass du die Aktionen, die dich ans Ziel bringen, durchgehend beibehalten wirst.

4. Handle jetzt!

Du wirst lernen, dich zu disziplinieren. Dazu gehört die Disziplin, keine Entscheidungen aufzuschieben, sondern sie sofort zu fällen. Du lernst auch, wie man immer sofort handelt anstatt die Aktionen, die dich an deine Ziele führen werden, aufzuschieben. Du wirst dein Leben in die Hand nehmen und dich nicht von anderen oder deinem inneren Schweinehund bestimmen lassen.

NLP lehrt dich also insgesamt bewusster zu leben und effizienter durchs Leben zu gehen. Du wirst auch Techniken lernen, die dir dabei helfen, andere Leute in deinem Leben so zu beeinflussen, dass auch die bewusster leben werden und effizienter werden. Das ist sowohl bei der Arbeit wie auch im Privatleben immer sehr hilfreich. Denk nur ans putzen: keiner will die kurze Freizeit mit Putzen verschwenden, dennoch muss es getan werden. Anstatt also mit deinem Partner auf die Fussel und Flecken zu schauen, werdet ihr lernen, kurz und knackig die Sache in die Hand zu nehmen um dann mit reinem Gewissen auf der Couch zu liegen. Ihr macht euch beide dadurch das Leben viel einfacher.

Voraussetzungen für neuro-linguistisches Programmieren

Es gibt für NLP ein paar Voraussetzungen, die durch die Techniken befolgt werden, damit die Sache erst richtig funktioniert. Es geht darum, wie man richtig mit anderen Leiten kommuniziert, um ans besagte Ziel zu gelangen. Diese Voraussetzungen wirst du in vielen der Techniken wieder finden.

- Der Sinn deiner Kommunikation liegt in der Antwort deines Gegenübers, nicht in deiner eigenen Kommunikation.

  Es kommt immer darauf an, wie man etwas sagt, denn du manchmal kommt etwas falsch rüber und deine Absicht kann dabei untergehen. Wenn du zum Beispiel deinen Partner fragst, ob er putzen will, dann kann das bei ihm schnell als Aufforderung anstatt als Frage ankommen. Frage dich also immer, wie dein Gegenüber deine Kommunikation empfangen wird und ob das deiner Absicht entspricht oder nicht. Dazu gehören deine Wortwahl, deine Mimik und Gestik, sowie der Tonfall deiner Stimme. So kann man die meisten Missverständnisse ganz leicht vermeiden und du wirst von deinem Gesprächspartner eine Antwort erhalten, die du hören willst.

- Die Karte ist nicht die Landschaft, sondern nur ein Modell davon.

Mit Karte ist hier die Erfahrung und Weltsicht einer Person gemeint. Sie entspricht nicht der tatsächlichen Welt, sondern ist lediglich subjektiv. Die Welt selbst ist objektiv. Natürlich hat deine Erfahrung und Anschauung große Ähnlichkeit mit der Realität, sie ist aber nicht die Realität selbst.

- Sprache ist nur ein sekundäres Erlebnis.

Deine Erfahrungen und Erlebnisse sind oft nur schwer in Worte zu fassen. Dazu gehören Bilder und Gefühle und vieles mehr. Wenn man Erfahrungen also versucht, in Worte zu fassen, geht automatisch Information verloren. Außerdem hat jeder einen individuellen Sprachgebrauch, der von Person zu Person unterschiedlich ist. Die gleichen Worte können also bei verschiedenen Personen verschiedene Reaktionen hervorrufen, denn auch die Sprache ist etwas Subjektives. Dadurch kann man wiederum Missverständnisse erhalten, die leicht zu vermeiden sind, wenn man sich in den Gesprächspartner hineinversetzt.

- Körper und Geist bilden eine Einheit und interagieren miteinander und beeinflussen einander.

Die körperliche Konstitution bestimmt, wie wir über bestimmte Dinge denken und wie wir fühlen. Dadurch wird wiederum unsere Kommunikation beeinflusst. Unsere Emotionen, Gedanken, körperlichen Reaktionen und Handlungen sind alle miteinander vernetzt und beeinflussen einander. Man kann auch selbst bestimmen, wie man denkt oder fühlt (nicht zu verwechseln mit Unterdrückung von Gefühlen!). Man kann dadurch beispielsweise Lampenfieber oder Aggressivität unter Kontrolle bringen.

- In einer Gruppe oder einem dynamischen System hat immer derjenige den meisten Einfluss, der die größte Bandbreite an Verhaltensweisen und die beste Anpassungsfähigkeit hat.

Man braucht dazu eine große emotionale Flexibilität und den Willen und die Disziplin, Dinge in die Hand zu nehmen, egal, wie unangenehm sie sind. Manchmal fühlt sich das für den Moment schlecht an, ist aber langfristig sehr gut. Je stärker und schneller du deine Handlungen anpassen kannst, desto eher kommst du ans Ziel. In vielen Situationen führt dies auch zum Sieg in Wettbewerben oder anderen Situationen.

- Verhalten hat immer das Ziel, sich anzupassen an Situationen und die Mitmenschen.
Pass immer auf, inwieweit die Realität und deine Erfahrungen zusammenpassen. Wenn es Unterschiede zwischen Subjektivität

und Objektivität gibt, sollte dein Verhalten angepasst werden.

- Das gegenwärtige Verhalten ist immer das Beste in einer gegebenen Situation. Von dir erfordert dieses Prinzip hohe Selbstdisziplin. Du musst dabei auch deine Mitmenschen beachten, den auch sie haben eine subjektive Wahrnehmung der objektiven Realität. Stelle dir also erst mal die Frage, ob jemand vielleicht ohne Absicht eine andere subjektive Erfahrung hat, die der Objektivität nicht entspricht, bevor du jemanden beurteilst.

- Wenn das gegenwärtige Verhalten nicht dem besten entspricht, wird es umgehend so geändert und angepasst, dass es zum Ziel führen kann. Dabei handelt man ständig und überwacht die Situation dauernd. Handle immer nach deinen Möglichkeiten und schöpfe alle deine Möglichkeiten voll aus. Lass keine Chancen ungenutzt entgehen.

- Alle Leute haben die Voraussetzungen und Fähigkeiten, ihre Entscheidungen zu treffen, um ihre Ziele zu erreichen. Man muss nicht erst großartig Problemlösungen lernen und Probleme analysieren. Man hat bereits alle nötigen Voraussetzungen, um Probleme zu erkennen, anzupacken und zu lösen. Man muss sie nur nutzen.

- Das Wort „möglich", egal ob generell oder personenbezogen, ist nur eine Frage des „wie", nicht des „ob".

Was andere können, kannst du schon lange! Solange etwas menschenmöglich ist, kannst du es auch tun, du musst nur die Motivation und Disziplin dafür aufbringen, um deine Entscheidungen in deine Hand zu nehmen.

- Die beste Information über Leute steckt nicht in ihren Reden, sondern in ihren Handlungen.

Höre deinen Mitmenschen gut zu, schau aber auch darauf, was sie tun. Taten sprechen schließlich mehr als Worte. Wenn Taten und Worte nicht miteinander übereinstimmen, dann schau nur auf die Taten und ignoriere die Worte.

- Man sollte zwischen Verhalten und Persönlichkeit einen Unterschied machen.
  Wenn jemand einen Fehler macht, ist er nicht automatisch ein Idiot. Verhalten spiegelt immer nur, was eine Person gerade tut, sagt oder fühlt. Die Persönlichkeit ist viel komplexer und tiefergehend, als das Verhalten.

- Es gibt kein Versagen, es gibt nur positives und negatives Feedback. Fehler sind dazu da, um von ihnen zu lernen. Ein vermeintliches Versagen zeigt einem also nur, dass das gegenwärtige Verhalten eine Sackgasse erreicht hat. Man dreht also um und versucht einen anderen Weg zu nehmen, so lange, bis man das Ziel erreicht.

Im Folgenden stellen wir dir Techniken vor, die dir dabei helfen werden, die Voraussetzungen des NLP zu erreichen und an deine Ziele zu gelangen.

Die Techniken

Es gibt sehr viele verschiedene Techniken beim neuro-linguistischen Programmieren. Wir stellen dabei einige der wichtigsten Techniken vor, die auch für Anfänger leicht zu verstehen und umzusetzen sind.

Anchoring

Beim Anchoring willst du herausfinden, was genau eine Reaktion hervorruft. Du suchst also nach sogenannten Triggern, den Auslösern für bestimmte Gefühle, Taten, oder ähnlichem. Der Trigger kann alles Mögliche sein, wie beispielsweise Berührungen, Dinge, die du siehst, Gerüche, usw.

Wir sprechen dabei nicht von negativen, sondern von positiven Dingen.

Manchmal erlebt man zum Beispiel eine Euphorie, die durch etwas ganz bestimmtes ausgelöst wurde. Wenn es dir mal schlecht geht, kannst du mithilfe eines Triggers diese Euphorie auch ganz künstlich auslösen. Ein Beispiel dafür kann sein, dass du durch eine bestimmte Melodie plötzlich Kindheitserinnerungen hast.

Durch Anchoring kann man sehr gut bestimmte Stimmungen hervorrufen und abspielen, um sie dir zunutze zu machen. So kann es vor schwierigen Gesprächen von Vorteil sein, wenn man das Selbstbewusstsein stärkt.

Beim Anchoring spricht man ein Verhaltenssystem in unserem Gehirn an, das unterbewusst geschieht. Das ist quasi das gleiche System, mit dem man auch Tiere trainiert. Diese unterbewussten Handlungen sind sehr stark und wir können sie genauso beeinflussen, wie wir Tiere trainieren können. Es braucht zwar ein bisschen Geduld, aber es wird früher oder später gut funktionieren. Es gibt einen Auslöser und dann eine Reaktion von dir. Wenn man beispielsweise einem Hund das Wort „sitz" sagt, dann setzt er sich hin. Dasselbe kannst du für dich erreichen, allerdings nicht einfach für Handlungen, sondern eben auch für Gefühle und Reaktionen, wie Lampenfieber.

Um einen Anchor zu aktivieren, musst du zuerst darüber nachdenken, welchen Zustand oder welche Reaktion du hervorrufen willst. Dann musst du dir einen Trigger überlegen. Es kann etwas, wie eine Berührung an einer bestimmten Stelle oder ein bestimmter Satz, den du dir selbst sagst, sein. Wichtig ist, dass dein Trigger einzigartig ist und du ihn nicht mit anderen Dingen verwechseln kannst.

Nun rufst du den Zustand oder die Reaktion bewusst in dir hervor und versuche, ihn so stark wie möglich zu bekommen. Nun verankerst du dies in dir, indem du den Trigger benutzt. Konzentriere dich dabei sehr auf dich und lass dich nicht von anderen Dingen ablenken, damit bekommst du schneller den Trigger mit der Reaktion in Assoziation. Führe diesen Schritt mehrere Male durch, beispielsweise einmal am Tag, damit dein Unterbewusstsein sich gut daran gewöhnen kann.

SelfAnchoring

Dabei geht es um positive Zustände, die du hervorrufen und vergrößern kannst. Nimm dir ein Beispiel, zum Beispiel ein gutes Gespräch.

Versetze dich nun in eine dritte Person, die dieses Gespräch von außen beobachtet. Wann immer etwas in diesem Gespräch gut verläuft und sich gut anfühlt, kannst du versuchen, diesen Zustand zu verstärken und zu erhalten. Versuche dabei auch, in der dritten

Person dies zu fühlen. Erinnere dich an vergangene Gespräche, die sehr positiv liefen. Versuche nun zu analysieren, was genau diese Positivität hervorgerufen hat und beobachte dich dabei genau, welche Aktionen und Worte deinerseits dabei eine Rolle spielten, beobachte auch deine Gestik, Mimik und Tonwahl. Höre dabei dir selbst zu und auch deinem Gegenüber, denn du kannst auch von anderen lernen. Fühle dabei, was sich positiv und anziehend anfühlt und für eine gute Beziehung zu deinem Gegenüber sorgt.

Wenn du dich an solche Gespräche erinnerst und dich dabei von außen beobachtest, solltest du dich genau beobachten und auf jedes kleinste Detail deiner Handlungen eingehen.

Erfinde nun für dich ein geheimes Zeichen, das du mit der Hand durchführst, wie zum Beispiel zwei Finger zu kreuzen, das als Signal dient, diese positiven Gefühle und Handlungen dieser vergangenen Gespräche hervorzurufen und in aktuelle Gespräche einzuführen.

Downtime

Bei Downtime geht es darum, dir selbst eine emotionale und geistliche Auszeit zu gönnen, um mal kurz zwischendrin die Batterien wieder aufzuladen. Dabei kannst du dich in eine Art Mini Trance versetzen. Man kann Downtime auch dazu verwenden, um eine richtige Trance einzuleiten. Es gibt verschiedene Wege, eine Downtime durchzuführen und sie können auch dazu verwendet werden, um Handlungen zu reflektieren, sich für andere zu öffnen oder um geduldiger zu werden.

Als erstes suchst du dir eine Umgebung, in der du deine Ruhe haben kannst, ohne gestört zu werden. Dann richtest du deine Aufmerksamkeit nach innen und gehst deine Sinne durch. Öffne deine Ohren: was hörst du? Was sagt diene innere Stimme? Welche Geräusche gehen gerade durch deine Gedanken und Erinnerungen? Vielleicht gibt es etwas, an das du dich gerne erinnerst – versuche, dich an alle Geräusche zu erinnern, die damit zu tun hatten.

Bleibe nun bei dieser Erinnerung und erinnere dich an alle visuellen Eindrücke, die damit zu tun hatten. Rufe in deiner Erinnerung dabei auch verschiedene

Blickwinkel hervor. Konzentriere dich auf alle Details, wie Formen, Licht, Farben und so weiter.

Versuche dich an eine Situation zu erinnern und gehe dabei alle Gefühle durch, die du dabei hattest. Dabei geht es nicht darum, wie du dich wegen dieser Situation im Nachhinein fühlst, sondern um die Gefühle, die du währenddessen hattest. Gehe dabei sowohl auf emotionale Gefühle ein, wie auch auf physische Gefühle (war etwas hart/ weich, nass/ trocken, …).

Du kannst Anchoring gut bei Downtime verwenden. Suche dir dabei eine Bewegung aus, die sich allmählich steigern lässt, wie beispielsweise Handflächen aneinander zu drücken und dabei den Druck langsam zu steigern. Gehe dabei die oben genannten Schritte langsam durch, während du den Druck auf deine Hände erhöhst. Mit ein bisschen Übung kannst du so in einer Minute komplett abschalten und dein Gehirn kann sich von einer Anstrengung erholen. Nach einer Weile wirst du die Schritte alle gleichzeitig ausführen können.

Uptime

Uptime funktioniert fast so, wie die Downtime, aber mit dem Ziel, deine aktuelle Umgebung genau zu studieren. Du solltest also direkt bei deinem Studienmaterial sein, z.B. in einem Konferenzzimmer bei einer Besprechung. Anstelle in dich zu kehren, lenkst du nun deine Sine nach außen und hörst zunächst auf alle Geräusche und die Stimmen. Versuche herauszufinden, was im Vordergrund läuft und was im Hintergrund. Ist der Hintergrund etwa auch wichtig? Oder nur Nebengeräusch?

Schau dich nun um und nehme alle Personen und Dinge genauestens wahr. Achte auf Farben, Formen und wie das Licht fällt (und welche Farbe dieses Licht hat). Schau auf statische, also unbewegliche Dinge, dann auf dynamische, also Dinge, die sich bewegen. Wer hat welche Mimik, welche Gestik? Wer bewegt sich viel und wer sitzt oder steht ruhig? Versuche auch, dich in einen anderen Blickwinkel im Raum zu versetzen und überlege, wie alles von der anderen Seite aussähe oder von oben.

Gehe nun in deine Gefühlswelt und beobachte, was du in verschiedenen Situationen fühlst, wie es dir geht und geh dabei wieder auf deine Emotionen und deinen Tastsinn ein.

Diese Technik hilft dir mit ein bisschen Übung, schnell den Überblick über Situationen zu verschaffen. Diese Fähigkeit kann dir sehr gut bei schnellen Handlungen helfen, aber auch wenn du dir über eine Situation nicht ganz im Klaren bist.

AccessingResourceful States

Hierbei wirst du Zustände lenken. Zustände, die dir helfen, deine Ziele zu erreichen, sollen dabei verstärkt werden, um deine Zielfindung zu beschleunigen und zu ermöglichen.

Versuche, an eine Situation zu denken, in der du 100% gibst. Welche Ressourcen brauchst du in dieser Situation und welche hast du? Wenn du zum Beispiel an eine schwieriges Gespräch denkst, kommen Ressourcen, wie Charisma, Empathie, Selbstbewusstsein und Ehrgeiz in Frage. Denke nun an die Ressourcen, die wichtig für die Situation sind, die du dir ausgedacht hast.

Erinnere dich nun daran, wie es dir letztes Mal ergangen ist, als du eine dieser Ressourcen verwendet hast. Gehe alle Schritte in deinem Kopf durch, bis diese Erinnerung ganz klar vor deinem inneren

Auge steht. Nun stell dir vor, dass diese Ressource wie ein Stück Kleidung ist, das du einfach mal kurz anziehen kannst. Zieh es an und wieder aus und wieder an. Versuche hierbei auch, dich in der dritten Person zu beobachten. Wie ist deine Gestik, Mimik, deine Gefühle, etc. Versuche alles, um diesen Zustand so stark wie möglich auszudrücken.

Suche dir nun ein Model für diese Ressource. Jemand, der/ die sehr gut für diese Ressource geeignet ist. Das kann jemand aus deinem Umfeld sein, aber auch eine Filmfigur usw. Überlege dir, wie diese Person diese Ressource darstellt und repräsentiert und schlüpfe dann in deren Rolle.

Wende nun die SelfAnchoring-Technik an, um diese Ressource in dir festzuhalten, um sie jederzeit abrufen zu können.

BehaviorAppreciation

Jede schlechte Angewohnheit hat tief im Inneren etwas Gutes. Das gilt es nun zu finden, damit du dich wegen bestimmten Dingen nicht schlecht fühlen musst.

Finde eine schlechte Gewohnheit oder eine schlechte Reaktion von dir. Es kann sich auch um ein schlechtes Gefühl handeln, das du nicht gerne hast.

Versuche dir nun einen Ort vorzustellen, an dem dies passiert ist. Trete in die Szene ein und beobachte alles um dich herum. Versuche nun, die schlechte Situation oder das schlechte Gefühl erneut zu erleben und analysiere genau, was dabei in dir vorgeht und um dich herum.

Denke dir nun, dass dies eigentlich einen positiven Ursprung hatte. Welche positiven Motive könnten dabei eine Rolle spielen?

Versetze dich nun gedanklich an einen anderen Ort, dort liegt der positive Aspekt und das positive Motiv. Stelle deinem Motiv nun verschiedene Fragen, wie „Was war eigentlich das Ziel hier?", „Wieso ist das so negativ geworden?".

Stelle dir nun selbst die Fragen, wie du in Zukunft reagieren kannst, wenn du wieder auf dieses Motiv stößt.

Führe diese Übung mehrere Male an verschiedenen Tagen durch.

Physiomental State Interruption

Hierbei lernst du, wie du rasch zwischen verschiedenen Zuständen wechseln kannst, um immer spontan und zu 100% auf sich verändernde Situationen reagieren zu können.

Versuche, deinen momentanen Zustand in Worte zu fassen. Es muss nicht ein einziges Wort, wie Depression oder Euphorie sein, du kannst auch in vielen Worten eine Beschreibung finden, Hauptsache du bist dir klar über das, was gerade in dir vorgeht.

Nun leitest du die Unterbrechung dieses Zustands ein, indem du dein Gehirn dazu zwingst, von diesem Zustand abzukehren. Dafür gibt es verschiedene Wege. Du kannst zum Beispiel eine ärgerliche Situation ins Lächerliche zwingen, indem du dir vorstellst, wie es klingen würde, wenn dein Gesprächspartner mit einer Mickey Mouse-Stimme sprechen würde. Oder wenn du ein bestimmtes Gefühl unterdrücken willst, kannst du auch ganz rational anfangen, dir Gedichte aufzusagen oder das kleine Einmaleins durchzugehen. Sowas funktioniert immer.

Teste dich nun selbst. Hat die Unterbrechung funktioniert? Und wenn ja, wie gut – du kannst dir selbst auf einer Skala Punkte geben. Du musst nicht immer die volle Punktzahl erreichen, das hängt immer von deiner persönlichen Situation ab. Vielleicht hilft es aber auch, einfach zum letzten Punkt zurückzugehen und eine andere Methode für die Unterbrechung zu finden.

Ecology Check

Wenn du einen Zustand änderst, solltest du vorher sicher gehen, dass alle Aspekte am neuen Zustand positiv sein werden und eine Verbesserung mit sich bringen. Manchmal hat man unterbewusste Vorbehalte gegenüber einem neuen Zustand, die einen dann davon abhalten, sich voll auf die Veränderung des Zustandes einzulassen.

Vorbehalte können beispielsweise passieren, wenn du künftig früher aufstehen willst, um Sport zu treiben, aber dann Sorge hast, dass du nicht genug Schlaf bekommst. Also musst du erst mal deine Vorbehalte angehen und dir überlegen, wie du damit umgehst und eine Lösung finden. Dann kannst du dich um die eigentliche Umstellung kümmern.

Fange den Ecology Check damit an, indem du dich selbst in der dritten Person beobachtest, um genau festzustellen, wo an den Stellschrauben des Lebens etwas geändert werden kann. Das kann gut funktionieren, indem du dir vorstellst, du seist ein Sportkommentator, der dein Leben beobachtet.

Stelle dir nun selbst Fragen, die mit der Änderung des Zustands zu tun haben. Die Fragen können Inhalte haben, wie „Was sind Gründe für oder gegen die Änderung?", „Welche Seiteneffekte kann die Änderung mit sich bringen?", „Was sind kurzfristige Effekte und was sind langfristige Effekte davon?", „Auf wen kann diese Entscheidung positive/ negative Einflüsse haben?" usw. Im Beispiel kann es sein, dass du kurzfristig etwas Schlafentzug haben wirst, aber langfristig wirst du dich daran gewöhnen und glücklich über die Entscheidung sein.

Beschäftige dich nun eine Weile (mehrere Tage oder gar Wochen) mit diesen Fragen und stell sie dir immer wieder neu. Irgendwann wirst du vielleicht auch von diesen Fragen träumen, das ist sehr gut, denn im Traum ordnest du dein Unterbewusstsein, das dir dann im Wachzustand helfen kann, die richtigen Entscheidungen zu finden. Mach dir keine Sorgen, dass dich dieser Prozess zu sehr belasten könnte. Unser Gehirn liebt Herausforderungen. Du kannst es damit gut beschäftigen. Schreibe gerne deine Gedanken und Lösungsvorschläge auf einen Zettel oder in ein Notizbuch, Tagebuch oder ähnliches und gehe sie ab und zu neu durch.

Wenn du dich bereit fühlst, deine Entscheidung zu treffen, bewerte alle deine Antworten, die du im Laufe der Zeit angesammelt hast. Verzweifle nicht, wenn anstelle einer Antwort nun mehr Fragen aufkommen. Gib dir in diesem Fall ein bisschen mehr Zeit.

State Induction

Mit State Induction kannst du einen bestimmten Zustand in dir hervorrufen und jederzeit abrufen, wenn du ihn brauchst. Dazu gehört zum Beispiel Selbstbewusstsein, wenn du Lampenfieber hast. Denk an einen Zustand, der dir gefällt und er negative Zustände ausgleichen kann. Versuche, ihn zu beschreiben und gehe dabei auf deine Sinne ein. Erinnere dich an vergangene Situationen, in denen du diesen Zustand dir zunutze gemacht hast.

Versuche nun, dieses positive Gefühl in dir zu verstärken, bis es völlig präsent ist und „übertöne" damit das negative Gefühl, damit dieses erlischt. Stelle es dir als eine Energiewelle vor, die durch deinen Körper geht und alle Körperteile und Sinne einnimmt.

Six Step Reframe

Hierbei handelt es sich um eine weitere Methode, einen Zustand oder eine Reaktionsweise zu verändern, und zwar in 6 einfachen Schritten.

1. Finde diesen Zustand und gib ihm einen Namen, damit er in Worte gefasst werden kann.

2. Geh in dich und versuche herauszufinden, was genau diesen Zustand oder eine gewisse Reaktion in dir verursacht. Das kann beispielsweise Lampenfieber sein. Geh als in dein Inneres und suche genau nach dem Grund für das Lampenfieber. Ist es eine gewisse Anzahl an Menschen (wie viele ungefähr wären das?), ist es die Angst vor Versprechern oder ist es die Angst vor Schweißflecken auf dem Hemd? Die Antworten, die du von dir selbst bekommst, müssen nicht in Worte gefasst sein, sie können auch einfach als Formen oder Bilder oder Gefühle daher kommen.

3. Suche nun zunächst nach der positiven Seite dieser Reaktion oder dieses Zustandes. Vielleicht will dir dein Lampenfieber einfach nur mitteilen, dass du nun konzentriert arbeiten musst, um nicht peinlich aufzufallen.

4. Frage nun diesen Teil in dir, der den Zustand oder die Reaktion hervorruft, mit dir zu kooperieren und dir bei der Suche nach einer Lösung zu helfen.

5. Frage nun den Teil in dir, einem neuen Zustand zuzustimmen. Frage also beispielsweise den Teil in dir, der das Lampenfieber verursacht, ob er auch einverstanden ist, wenn er in Zukunft ein wenig die Lautstärke hinunterdrehen kann. Du hörst ihn auch in leisen Tönen noch sehr gut. Dieser Schritt kann eine Weile dauern und Geduld erfordern.

6. Mache nun einen Ecology Check (siehe oben), der alle Teile in Anspruch nimmt. Gehe sicher, dass alles funktioniert hat und zwar so, wie du es dir vorgestellt hast.

Mirroring

Beim Mirroring wirst du dein Gegenüber nachahmen (nicht im hämischen Sinn). Dadurch kannst du eine besondere Verbindung zu der anderen Person aufbauen und ihre Gemütslage beeinflussen. Das kann privat wie auch im Geschäft sehr wichtig sein.

Suche dir zunächst einen Gesprächspartner und sage ihm/ ihr nichts von deinem Vorhaben. Führe einfach ein normales Gespräch.

Frage dein Gegenüber nach seiner/ ihrer Meinung zu verschiedenen Dingen. Versuche nun, bei deren Antworten die Gestik und Mimik zu kopieren. Dazu kannst du auch ihre Antworten wiedergeben. Wenn dein Gegenüber beispielsweise sagt, er findet das Wetter schlecht, dann sagst du nicht einfach „Ja", sondern „Ja, das Wetter ist schlecht". Versuche nun auch, die Atmung in Einklang zu bringen. Dieser Schritt ist ein bisschen anspruchsvoll, aber beobachte einfach neben dem Gesicht auch die Schultern der Person.

Da du nun quasi „eins" mit der anderen Person bist, kannst du mal deine Intuition spielen lassen und bei der nächsten Frage überlegen, was wohl die Antwort wäre und sie gleich vorweg nehmen. Zeige aber die

Meinung in einer leicht unsicheren Weise, denn dann kann dein Gegenüber die Meinung nicht nur bestätigen, sondern auch noch bestärken. Das erzeugt bei deinem Gesprächspartner ein sehr positives Gefühl, dass du ihn/ sie verstehst und der gleichen Meinung bist.

Nun kannst du ganz langsam deine Gestik und Tonlage ändern und du wirst sehen, dass dein Gesprächspartner unterbewusst dasselbe tun wird. Somit kannst du sehr leicht eine verärgerte Person beruhigen, ohne dass diese es überhaupt merken wird.

Pacing

Pacing ist ähnelt sehr dem Mirroring, aber nun kopierst du nicht einfach dein Gegenüber, sondern wirst dich intellektuell und im Gespräch auf ihr Niveau anpassen. Wenn jemand zum Beispiel eine sehr einfache Sprache verwendet, dann wirst du ebenfalls diese einfache Sprache verwenden. Imitiere aber nicht die Stimme oder einen Dialekt. Einfach nur den Wortinhalt.

Exchanged Matches

Du kannst die Atmung anderer Leute beeinflussen, indem du ihre Atmung beobachtest und eine parallele Bewegung mit der Hand dazu machst. Der beste Weg, die Atemfrequenz einer anderen Person zu sehen, sind die Schultern. Sie bewegen sich immer leicht nach oben und unten. Schau bitte nicht auf die Brust (vor allem nicht bei Frauen). Mache nun mit der Hand eine leichte Bewegung nach oben, wenn dein Gegenüber einatmet und nach unten beim Ausatmen.

Du kannst nun die Atemfrequenz beeinflussen, indem du deine Handbewegungen beschleunigst oder verlangsamst. Diese Übung ist sehr gut, wenn du mit jemand zu tun hast, der zu sehr gestresst ist, oder unter Panik leidet. Über die Atmung kann man einen Menschen sehr gut kontrollieren und beruhigen.

Time-Line

Die Time-Line Technik lässt Vergangenheit, Gegenwart, Zukunft, Ziele und erlebte Ereignisse kombinieren. Durch die hergestellten Verbindungen können Ursachen erkannt und reflektiert werden. Die

Time-Line besteht aus einer äußeren und einer inneren Ebene. Die äußere Ebene beschreibt den äußerlich vorgegebenen Rahmen und die dadurch entstandenen Ereignisse. Die innere Ebene beschreibt persönliche Empfindungen, Ziele und Bezüge zu den Ereignissen.

In einem Trancezustand kann man in der Time-Line zurückgehen und sich von negativen Erinnerungen befreien.

- Begebe dich in eine bequeme Position und konzentriere dich ganz bewusst auf deine Atmung.
- Wenn du ganz entspannt bist kannst du im Geiste deine äußere Time-Line ablaufen und nach negativen Einträgen in deiner inneren Time-Line Ausschauh halten.
- Nun kannst du die negativen Emotionen reflektieren. Was sind die Beweggründe für die negativen Emotionen, sind die Ziele auch durch positive Emotionen oder Verhaltensmuster erreichbar?
- Visualisiere nun dein positives Gefühl mit dem Ereignis, wiederhole dies so oft wie notwendig.
-

Milton-Modell

Durch das Milton-Modell ist es möglich eine neue Form des Denkens durch Trancezustände zu etablieren. Dies ist vor allem gut einsetzbar in Situationen der Neuorientierung.

Fokussiere zunächst dein Problem, dein Ziel oder deinen Wunsch. Überlege nun, warum du dein Ziel, deinen Wunsch oder die Lösung des Problems nicht realisieren konntest. Fehlen dir entsprechende Fähigkeiten? Gibt es neben den fehlenden Fähigkeiten noch andere Einschränkungen? Was würde passieren, wenn du dein Ziel, deinen Wunsch oder die Lösung des Problems nicht realisieren könnteset?

Komme nun in einen Zustand der Entspannung. Begebe dich in eine bequeme Position und folge deinem Atem aufmerksam, bis sich dein Körper und dein Geist beruhigt haben. Fokussiere dich vollkommen auf die Entspannung. Nun horche entspannt in dich hinein und ohne Druck, was deine unterbewussten Prioritäten sind. Koste diesen Zustand so lange wie möglich aus und versuche durch die Eingebungen deines Unterbewusstseins deine wahren Prioritäten zu erlernen.

Komme danach langsam wieder in den Alltag zurück und reflektiere deine neuen Gedanken und Gefühle.

Visual Squash

Durch diese Technik erlernst du Lösungen für zukünftige innere Konflikte. Du wirst dich auf die positiven Aspekte konzentrieren und dementsprechend gute Entscheidungen treffen können.

- Überlege, wo du dich selbst durch zwei Handlungen blockierst. Beispielsweise machst du etwas, möchtest es aber nicht machen. Oder geht man auf eine Streitigkeit ein oder lenkt sie ab?
- Teile nun jedem der beiden Teile in dir eine Hand zu und studiere die Hände ganz intensiv: Ist eine Hand schwerer? Wärmer? Kälter? Gibt es Farben oder Formen? Gibt es dazu passende Stimmen?
- Nun reflektiere die beiden Teile: Für welche Werte stehen die beiden Teile? Welche Ziele verfolgen sie? Kennen sie sich?
- Entwickle nun ein stimmiges Konzept in dem beide Teile ihren Anteil haben. Versuche anschließend deine Hände zur Kooperation zu bitten.

- Lege deine Hände aufeinander und spüre, wo es sich gut anfühlt. Was repräsentiert diese Zusammenführung für dich? Wie wird sich dadurch deine Zukunft verändern?

Reframing

Die Reframing-Technik lässt dich Ereignisse umdeuten und in einem neuen Zusammenhang sehen. So kannst du statt spontan negativen Emotionen Ereignissen eine positive Konnotation geben und sie so sinnvoll in deinen Alltag einfügen.

- Welches Verhaltensmuster oder welcher Gedankengang über ein Ereignis soll verändert werden?
- Reflektiere die Gründe für deine unerwünschte Sichtweise.
- Worin liegt die positive Absicht für dieses Verhalten?
- Welche anderen Möglichkeiten gibt es diese positiven Absichten zu realisieren?
- Wähle eine für dich stimmige Lösung aus und visualisiere die zukünftige Anwendung.

Praline-Muster

Dies ist eine Motivationsstrategie, die dir helfen kann dich selbst für selbstgewählte jedoch wenig attraktive Aufgaben zu motivieren.

Stelle dir dafür vor, wie du eine attraktive Aufgabe ausführst. Anschließend stellst du dir vor, wie du die weniger attraktive Aufgabe ausführst und sie für dich dabei absolut sinnstiftend und positiv ist. Verändere die Aufgabe wenn nötig so, dass du dich bei der gedanklichen Ausführung gut fühlen kannst. Lege das Bild der attraktiven Aufgabe über das Bild der mäßig attraktiven Aufgabe und schneide gedanklich ein Loch in das Bild der mäßig attraktiven Aufgabe. So kannst du die attraktive Aufgabe sehen und die positiven Emotionen auf das obere Bild mit der weniger attraktiven Aufgabe legen. Wiederhole dies einige Male, bis dir beide Aufgaben ein positives Gefühl vermitteln.

New Behavior Generator

Diese Strategie erlaubt dir neue Verhaltensweisen zu erlernen durch Veränderung, Übernahme oder Neubildung.

Werde dir zunächst über die zu verändernde Verhaltensweise bewusst. Was möchtest du verändern? Suche dir nun ein positiv handelndes Vorbild. Entspricht das Vorbild genau deinen Vorstellungen, setzte das Vorbild die Verhaltensweise für dich ideal um? Visualisiere dich selbst nun in der Rolle deines Vorbilds, wie du handelst, redest und dich bewegst. Stelle dir vor wie du die neue Verhaltensweise in Zukunft anwenden wirst. Nach einer intensiven und gegebenfalls mehrfachen Visualisierung ist die neue Verhaltensweise abrufbar.

ResolvingGrief

Diese Technik unterstützt dich gezielt bei deiner Trauerarbeit. So kannst du den Verlust eines Menschen, eines Tieres, eines Jobs, einer Beziehung oder ähnlichem verarbeiten.

- Fokussiere dich auf das zu bearbeitende Bild, welche Gefühle hast du gegenüber dich trauern lassenden Situation? Beispielsweie den Verlust eines geliebten Menschen.
- Entspricht die Art des Trauerns den möglicherweise positiven Erinnerungen und Emotionen des Zustandes vor der Trauer? Verdeckt die

Trauer die positiven Emotionen, die du mit dem geliebten Menschen eigentlich verbindest?

- Konzentriere dich bewusst auf die positiven Seiten eurer Verbindung und welche Vorteile und Werte du daraus ziehen kannst.
- Wie kannst du diese Werte und Vorteile aktiv in dein Leben einbauen und wie wird deine Zukunft dann aussehen?
- Blicke positiv auf die gemeinsame Zeit zurück und bewerte nun den Gehalt deiner Trauer neu.

Swish-Technik

Durch die Swish-Technik lassen sich unerwünschte Gedanken in erwünschte Gedanken umwandeln. Dies ist vor allem nützlich um positive Aspekte zu fokussieren und sich darauf zu konzentrieren.

- Begebe dich geistig in die Situation deiner unerwünschten Gedanken, versuche alle Sinnesempfindungen miteinzubeziehen.
- Stelle dir nun gleichermaßen einen erwünschten, positiven Gedanken vor.
- Nehme nun vor deinem geistigen Auge einen großen und einen kleinen

Rahmen hervor. Stecke den unerwünschten Gedanken in den großen Rahmen und den erwünschten Gedanken in den kleinen Rahmen.

- Vergrößere nun den Rahmen mit dem erwünschten Gedanken und verkleinere den Rahmen mit dem unerwünschten Gedanken.
- Wiederhole dies so oft, bis auch das zuvor unerwünschte Denken eine positive Emotion auslöst.

Rapport

Rapport bezeichnet die Grundlage der zwischenmenschlichen Beziehungen. Beim Kennenlernen einer sympathischen Person versucht man sich dieser anzuapssen. Dies geschieht in vier Stufen, die zumeist unterbewusst ablaufen. Da du nun aber schon einige nützliche Fähigkeiten erlernt hast kannst du auch bewusst in diesen Prozess eingreifen.

- Matching: Zwei Personen begegnen sich, dies ist die Voraussetzungen für Rapport

- Mirroring: Wechselseite oder einseitige Anpassung der Haltung und Sprache geschieht
- Pacen: Übernahme von Verhaltensweisen, meist einseitig, je nach Dominanz der aufeinandertreffenden Personen
- Leading: Die anführende Person beeinflusst ihren Gegenüber, beispielsweise durch Atmung.

Cristall Ball

Die Cristall Ball Technik lässt dich bewusst neue Ressourcen und hilfreiche Lösungswege für deine Zukunft erstellen. Umdenken und Neuorientierung sind die Grundlagen dieses Prinzips.

- Definiere zunächst dein Problem.
- Entspanne dich indem du dich ganz auf deine Atmung konzentrierst, bis du in einen tiefenentspannten Zustand kommst.
- Visualisiere nun eine Kristallkugel.
- Blicke in die Kristallkugel und stelle dir die Zukunft vor, in der dein Problem gelöst ist. Fühle, erlebe und koste diese Situation aus. Lasse deiner Phantasie freien Lauf.

- Blicke nun in die Kristallkugel und fokussiere dich auf den Lösungsweg. Fühle dich ganz in den Lösungsweg hinein.
- Kehre anschließend langsam wieder in den Alltag zurück.

New Role Design

Die New RoleDesing-Technik hilft dir dabei dich in bei dir Unzufriedenheit auslösende Rollen hineinzufinden. So kannst du ein vorteilhaftes und motiviertes Verhalten entwickeln. Die Werte, die mit dieser Rolle einhergehen, werden intensiv studiert und ihre Bedeutung für das alltägliche Handeln werden herausgearbeitet.

- Beschreibe dir Rolle, die dich unzufrieden fühlen lässt.
- Beschreibe nun Erlebnis-Situationen in dieser Rolle.
- Fokussiere nun die positiven Werte dieser Rolle und forsche nach dem Grund für die Diskrepanz zwischen den positiven Werten der Rolle und deinem negativen Gefühl.
- Was ist der Beweggrund für die negativen Gefühle? Was soll durch die negativen Emotionen erreicht, beziehungsweise verhindert werden?

Ist dies auch durch ein positives Äquivalent zu erreichen?

- Bewerte die Rolle nun aufgrund der positiven Konnotation neu und integriere deine neue Sichtweise in deine Rolle.
- Visualisiere nun die du dich entsprechend deiner neuen Gefühle für dein Rolle zukünftig verhalten wirst, fokussiere dabei deine positiven Emotionen genau.

Schlusswort

Wir hoffen, dass wir dir ein bisschen helfen konnten.

Als kleinen Tipp am Rande empfehlen wir, sich die einzelnen Übungen Schritt für Schritt vorzunehmen und erst mal gut einzustudieren, bevor du mit einer neuen Übung anfängst. Am Anfang braucht es vielleicht eine Weile, sich an alles zu gewöhnen, vor allem, wenn man versucht, andere zu beeinflussen, aber du wirst dich schnell daran gewöhnen.

Beim NLP gibt es nach oben beinahe keine Grenzen. Wenn du erst mal gut darin geworden bist, kannst du sehen, wie du deine Gesprächsqualitäten lenken und verbessern kannst, sodass andere dir plötzlich viel besser zuhören werden oder mehr Respekt für dich haben werden.

Quellen

http://nlpnotes.com/category/techniques/
(26.06.2017)

http://www.businessballs.com/nlpneuro-
linguisticprogramming.htm (26.06.2017)

Impressum

Text: Copyright © 2017 by Sophia Thiemann

Impressum und Verlag Sophia Thiemann

c/o Papyrus Autoren-Club, R.O.M. Logicware GmbH Pettenkoferstr. 16-18, 10247 Berlin

Cover-Foto: Shirstok/ https://www.shutterstock.com/image-vector/brainstorming-creative-mind-head-brain-vector-560857555?irgwc=1&utm_medium=Affiliate&utm_campaign=TinEye&utm_source=77643&utm_term=

Wichtiger Hinweis:

Die in diesem Buch enthaltenen Informationen dienen ausschließlich informativen Zwecken und dürfen unter keinen Umständen als Ersatz für eine professionelle Beratung oder Behandlung durch ausgebildete und anerkannte Ärzte angesehen werden. Diese beinhalten keinerlei Empfehlungen bezüglich bestimmter Diagnose- oder Therapieverfahren. Die Inhalte dürfen niemals als eine Aufforderung zur Selbstbehandlung oder als Grundlage für Selbstdiagnosen und -medikation verstanden werden. Die Informationen spiegeln lediglich die Meinung des Autors wieder. Der Autor übernimmt für die Art oder Richtigkeit der Inhalte keine Garantie, weder ausdrücklich noch impliziert.

Sollten Inhalte des Buches gegen geltendes Recht verstoßen, dann bittet der Autor um umgehende Benachrichtigung. Die betreffenden Inhalte werden dann umgehend entfernt oder geändert.

Haftung für Links

Das Buch enthält Links zu externen Webseiten Dritter, auf deren Inhalte wir keinen Einfluss haben. Deshalb können wir für diese fremden Inhalte keine Gewähr übernehmen. Für die Inhalte der verlinkten Seiten ist stets der jeweilige Anbieter oder Betreiber der Seiten verantwortlich. Die verlinkten Seiten wurden zum Zeitpunkt der Verlinkung auf mögliche Rechtsverstöße überprüft. Rechtswidrige Inhalte waren zum Zeitpunkt der Verlinkung nicht erkennbar. Eine permanente inhaltliche Kontrolle der verlinkten Seiten ist jedoch ohne konkrete Anhaltspunkte einer Rechtsverletzung nicht zumutbar. Bei Bekanntwerden von Rechtsverletzungen werden wir derartige Links umgehend entfernen.